了不起的大数学

技术

[西班牙] 贝伦·雅克布·阿曼德 著 赵越 译

四川科学技术出版社

图书在版编目（CIP）数据

了不起的大数学．技术 /（西）贝伦·雅克布·阿曼德著；赵越译．—成都：四川科学技术出版社，2021.4
ISBN 978-7-5727-0096-5

Ⅰ．①了… Ⅱ．①贝… ②赵… Ⅲ．①数学－少儿读物 Ⅳ．① O1-49

中国版本图书馆 CIP 数据核字 (2021) 第 054026 号

著作权合同登记号：图进字 21-2020-405号

了不起的大数学・技术
LIAOBUQI DE DA SHUXUE・JISHU

出 品 人　程佳月
著　　者　[西班牙]贝伦・雅克布・阿曼德
译　　者　赵　越
责任编辑　梅　红
封面设计　王晓珍　张　迪
特约编辑　张丽静　李　瑄　王娇娇
出版发行　四川科学技术出版社
　　　　　地址　成都市槐树街2号　邮政编码　610031
　　　　　官方微博　http://e.weibo.com/sckjcbs
　　　　　官方微信公众号　sckjcbs
　　　　　传真　028-87734035
成品尺寸　210mm×285mm
总 印 张　12
总 字 数　240千
印　　刷　文畅阁印刷有限公司
版次/印次　2021年7月第1版　2021年7月第1次印刷
定　　价　168元（全4册）

ISBN 978-7-5727-0096-5

本社发行部邮购组地址：四川省成都市槐树街2号
电话：028-87734035　邮政编码：610031

目录

信息技术

芯片国王

在技术星球上，住着芯片国王和它的臣民——计算机，它们完美而和谐地工作着。

一天，芯片国王去了其他星球旅行，技术星球上变得一团糟，还发生了许多奇怪的事情：很多计算机无法开机，有些计算机发出了混乱的指令，还有一些计算机的屏幕上呈现出上千种色彩。芯片国王回来后，所有人都意识到了芯片国王对于技术星球来说是多么重要！那么，为什么计算机离不开芯片呢？

什么是芯片?

计算机由不同的零件组成，许多零件都要依靠芯片才能运行。芯片又被称为**微电路**，通电后，芯片会产生信号流，信号流可以用来表示数字、字母或其他信息代码。

计算机的内部是什么样的？

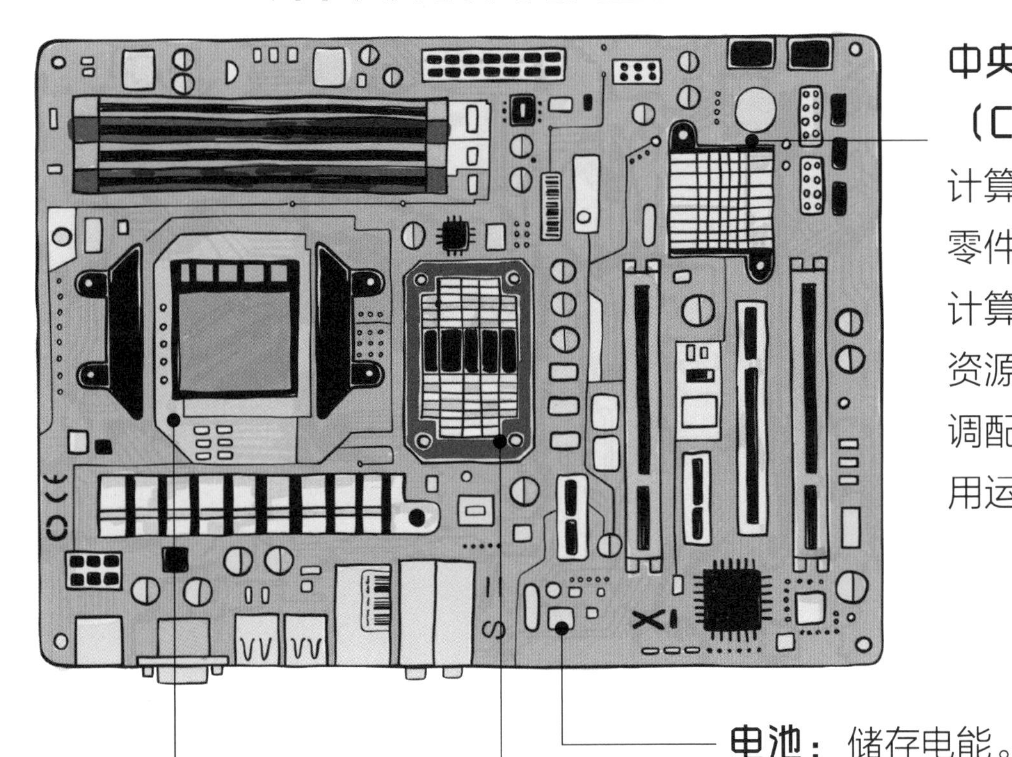

中央处理器（CPU）：计算机的核心零件，可以对计算机的硬件资源进行控制调配，执行通用运算。

电池：储存电能。

硬盘：计算机中重要的存储器，关机后，数据仍存储在其中。

内存：暂时存放CPU中的运算数据，以及与硬盘等外部存储器交换的数据。关机后，里面的数据便会消失。

芯片上有大量与电路互连的**晶体管**，它们是信息输入和输出的开关。

找一找

秘密暗号

计算机中储存着个人信息，为了保护隐私，我们要为计算机设置密码。密码最好包含数字和字母，且不要设置得过短，尽可能确保安全。

你认为下面列出的密码中，哪一个是最安全的？

lu79

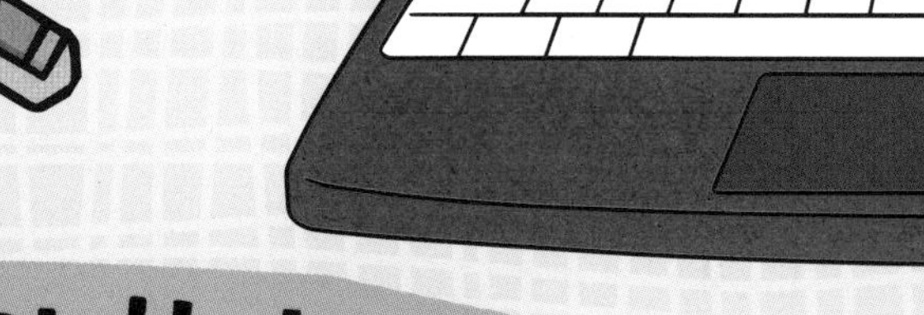

red

birthday

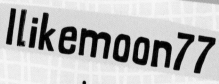

只有输入正确的密码，才能进入计算机的操作界面。如果输入错误的密码，计算机将被锁定，这样可以防止任何人未经许可查看计算机里的文件。

2030

Iloveblue

koo

aaz8

芯片之路

芯片在进行数据处理时使用二进制算法，即信号用数字“0”和“1”表示。

走哪条路可以打开计算机？

芯片的工作速度与芯片内电路之间信号传送路程的长短有关，路程越短速度越快，反之则越慢。

个人计算机

能处理多个任务的机器

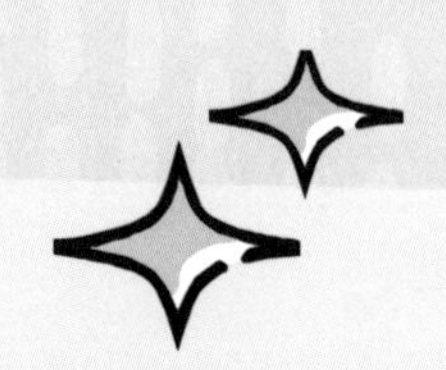

安娜的东西总是很凌乱：学校的作业、喜欢听的音乐、拍的照片、爱看的电影……于是她的爸爸妈妈决定送给她一台计算机，她的好朋友史蒂芬也有一台这样的计算机。史蒂芬告诉安娜，他用计算机完成了很多事情：整理作业、玩游戏、绘画、听音乐。

什么是计算机？

计算机是一种用于高速计算的机器，我们可以用它玩游戏、绘画、看电影、听音乐和存储信息。

计算机的各部分

主机： 计算机的核心部分，用于放置主板等。

显示器： 能显示文字、图像等。

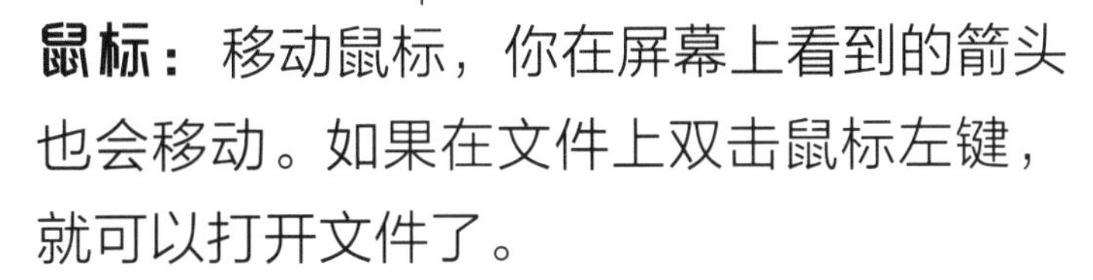

键盘： 用于输入指令和数据。

鼠标： 移动鼠标，你在屏幕上看到的箭头也会移动。如果在文件上双击鼠标左键，就可以打开文件了。

我们把主机、显示器、鼠标和其他设备统称为**硬件**。此外，要让计算机运行起来，还需要有一些具体的指令，我们把这些指令称为**程序**，把程序和文档的集合体称为**软件**。

找一找

真有条理啊！

计算机使用虚拟文件夹来储存音乐、图片、视频等文件。为了分清这些文件，马蒂将文件夹按颜色排列顺序。

仔细观察每组文件夹，找到规律。请找出每组中缺失的文件夹。

❶      

❷      

❸ 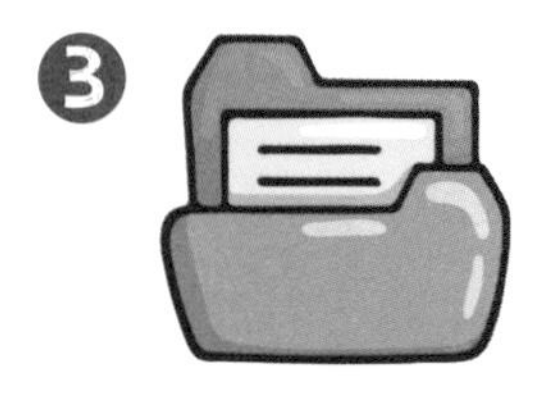     

计算机像是一个巨大的文件柜，我们可以对储存在里面的文件和资料进行分类。

秘密代码

对照表格破译本页底部的代码，试着拼拼看，答案会告诉我们谁是创造出第一台计算机的人。

65	A	72	H	79	O	85	U
66	B	73	I	80	P	86	V
67	C	74	J	81	Q	87	W
68	D	75	K	82	R	88	X
69	E	76	L	83	S	89	Y
70	F	77	M	84	T	90	Z
71	G	78	N	加油			

名

75 79 78 82 65 68

姓

90 85 83 69

在计算机中，所有程序、数据输入时都必须转换为计算机能够识别的二进制数字，这种二进制数字就是代码。

连接器

有趣的派对

丽塔的生日派对非常有趣，她打开计算机，我们把话筒连在计算机上唱卡拉OK，还用照相机照了许多照片。

昨天，丽塔给我一个U盘和一些打印出来的照片，我把照片给哥哥看，并告诉他那天我们过得很愉快。这也要感谢那些我们所使用的设备，那这些设备都有什么呢？

什么是外部设备？

外部设备是计算机系统中输入、输出设备的总称。

输入设备用于向计算机输入数据和信息，**输出设备**将数据或信息以数字、图像、声音等形式表现出来。

它们如何与计算机连接？

数据线连接：用数据线将外部设备连接到计算机端口。常用的计算机端口为USB端口。

无线连接：不通过数据线，而是通过蓝牙、红外等功能完成通信。

输入设备：鼠标、键盘、扫描仪、光笔……

输出设备：显示器、打印机、光盘刻录机……

还有一些**设备既是输入设备又是输出设备**，例如调制解调器（也被称为“猫”）。

找一找

U盘

U盘可以即插即用，它们虽然体积很小，容量却很大。安娜的U盘不见了，请你帮助安娜找到它吧。

出发！

USB

U盘是一个带USB端口的存储设备，它通过端口与计算机及外部设备连接并传输数据。

打印

我们可以使用计算机和打印机打印照片或者文件。乌戈想把他的画打印出来。

他应该使用哪一种输出设备呢？

传统打印机只能在纸上打印二维的平面图形，而3D打印机能够实现立体打印。也就是说，我们可以从长、宽、高三个维度来打印设计图纸。

数字世界

及时的祝福

已经是晚上23:45了，马里奥才想起今天是奶奶的生日，而自己还没有给奶奶发送祝福。突然，他有了一个好主意：扫描一幅奶奶喜欢的画，以电子邮件的方式发送给奶奶。怎么操作呢？他先在收件人的位置上输入奶奶名字的拼音，然后输入一个符号@，最后加上服务器的名字。点击“发送”之后，祝福瞬间就送到了。这是魔法吗？哦不，这是互联网！

什么是互联网？

互联网是由若干计算机网络相互连接而成的**网络**。它可以不受空间限制进行**信息交换**。

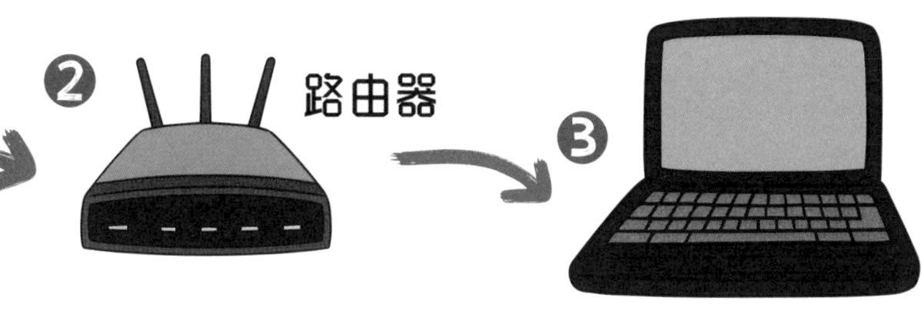

❶

通信卫星

通信卫星接收并传递电磁波，信号到达路由器后再被传输至计算机或智能手机。

互联网连接着数十亿台计算机，它们必须遵守相同的规则或**协议**才能正常工作。例如，之所以在浏览器中输入一个网址后可以看到该网站的内容，就是因为我们的浏览器和该网站的服务器之间使用HTTP协议在交流。

找一找

网上购物

我们可以利用计算机和互联网做很多事情，比如购物：访问超市的网站，选择产品，放入购物车中。没错，是虚拟购物车！妈妈在网上下了一个订单，请你仔细看一看下面A、B、C、D四幅图片，然后回答其中提出的两个问题。

下列场景的正确顺序是什么？

哪一个场景是多余的？

电子商务指的是通过互联网以电子交易方式购买、销售产品或服务，利用手机端和个人计算机（PC）都可以操作。

家中的博物馆

马科从没见过《蒙娜丽莎》这幅画，所以他很难找出下面两幅画的差异，你能帮他找出这两幅画有什么不同吗？

画作B

找出两幅画中的10处不同

借助互联网，我们可以在家中参观虚拟博物馆或者图书馆。只需要在浏览器地址栏中输入网站地址并按回车键（Enter）就可以了。

虚拟娱乐

游戏之王！

阿德里安是玩电子游戏的高手，他在各种关卡中打败了很多虚拟的对手。有时，他也会跟朋友们一起在网上玩游戏。

爸爸、妈妈和爷爷总是对他说："休息一会儿吧！"要知道，适度地玩游戏是可以的，但如果过度地玩游戏，甚至沉溺其中，那可就太不应该了！

什么是电子游戏机？

电子游戏机是使用**游戏软件**进行娱乐的机器，有的可以连接到电视上，还有的可以随身携带，被称作**掌上游戏机**。

掌上游戏机长什么样？

屏幕：使我们能查看图像。

按键：可以控制角色的移动等。

卡带：用于储存电子游戏的应用程序和数据。

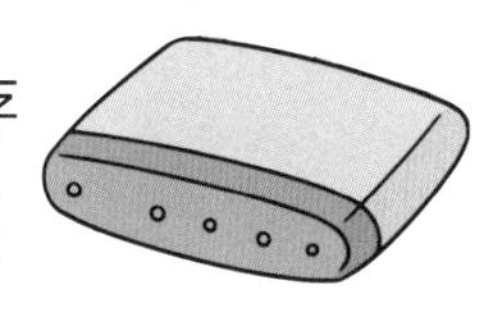

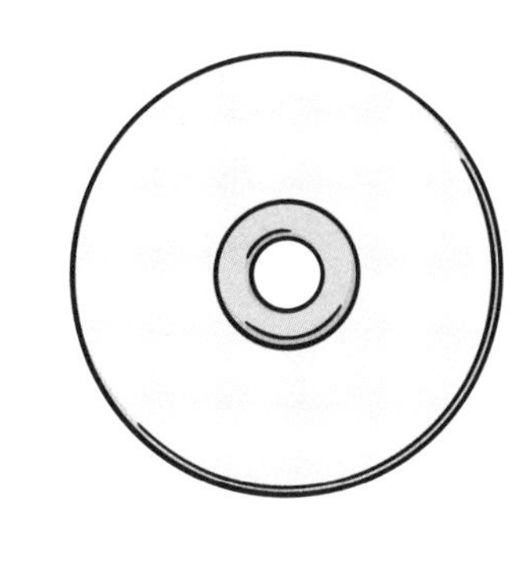

除了卡带，电子游戏机的**存储媒介**还有SD卡、光盘等，使用哪种存储媒介主要取决于电子游戏机是台式的还是便携式的。

虚拟现实

玛拉正在玩一款虚拟现实游戏，她沉浸其中，感受着独角兽世界的美丽与神秘。

玛拉房间中的3件用品混入了这幅图中，你能找出来吗？

虚拟现实游戏会利用计算机模拟一个三维的虚拟世界，戴上虚拟现实设备，你就能身临其境地沉浸在游戏中。

借助姿势

蒂诺正在玩一款体感游戏，他要用身体动作来控制游戏角色，现在屏幕上出现了以下3个指令。

你能帮助蒂诺找到正确的姿势吗？

一些电子游戏机会使用带有运动传感器的手柄或视频识别技术来捕捉玩家的动作。我们的手臂怎么动，游戏角色的手臂就怎么动，我们就是真正的主角！

数字时代

多种交流方式

科格的爸爸非常喜欢和人聊天，说起话来总是滔滔不绝。他的朋友特尔玛对他说：“智能手机可以让你以多种方式和别人沟通交流，不仅可以发送文字信息，还可以发送语音，或者拨打语音、视频电话。”

什么是智能手机？

智能手机是具有独立的操作系统，可以由用户自行安装程序，并且可接入互联网的手机。我们可以通过智能手机与其他人通话、拨打视频电话、发送文字信息等。

平板电脑是一种小型、方便携带的个人计算机，它的很多功能都与智能手机类似。

它们的共同点：

- 可接入互联网。
- 可下载安装具有不同功能的应用程序（app）：游戏、音乐、即时通信、社交软件……
- 可以拍摄照片和视频，然后用修图软件修饰它们。
- 可以储存文件。

找一找
真正的指纹

曼努的爸爸给他的智能手机设置了指纹锁，用于确保手机信息的安全。

这些指纹中只有一个是正确的，是哪一个呢？

指纹锁的使用越来越普遍了，它的安全性很高，因为不会有两个一模一样的指纹！

群组消息

萨拉和朋友们在智能手机上创建了一个群，用于记录技术方面的信息，但是这些信息被打乱了。

将左右两部分按照正确的对应关系相连！

1. 电池
2. 2007年
3. 智能手机
4. 智能手机的程序

A 开始售卖第一部具有革命性质的智能手机

B 可接入互联网

C 叫作应用程序（app）

D 为智能手机和平板电脑供电

有一些应用程序支持向个人或群组发送消息。通过它们，我们可以进行即时交流并共享信息（照片、视频……），还可以添加有趣的表情符号，把信息变得生动。

社交媒体

进一步了解彼此

语文老师埃利奥提议全班建立一个社交网络，他说那是一种可以分享照片、视频和音乐的工具，可以让我们进一步了解彼此。我们觉得这个想法非常好，但是怎样上传照片或视频呢？我们能把音乐也放进去吗？

什么是视听内容？

视听内容是借助技术手段记载和再现的**声音**、**图像**等，你可以使用智能手机、平板电脑或数码相机拍摄照片和视频，然后将它们发布在社交网络或用于多媒体演示文稿。

数码相机如何工作？

❶物体反射的光线通过镜头进入相机。

❷光线到达感光元件，光信号被转换为电信号。

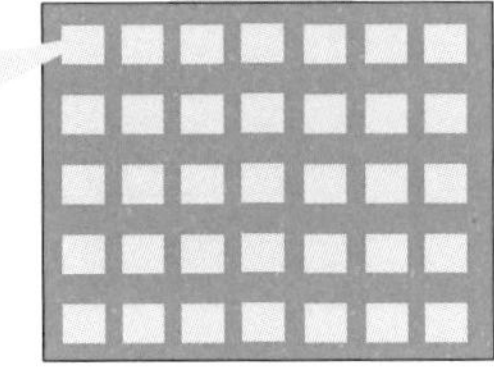

❸电信号转换为数字信号，保存到相机的存储卡中。

找一找
自拍！

丽萨和她的朋友们很喜欢用手机自拍照相，为了呈现出更好的效果，他们也喜欢使用手机自拍杆拍照。

这些照片中，哪一张是丽萨用手机拍出的自拍照？

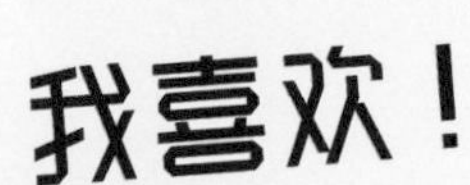

我喜欢！

数码照片是由像素构成的，我们将一张照片放大很多倍后，便可以看到照片中出现了很多小方格，这些小方格就是像素，它是图像中不可再分割的最小单位。

音乐播放器

贝多芬听音乐的方式肯定与你不同，和那时比起来，如今音乐播放器的形式已经发生了很大的变化。

请将下列音乐播放设备按照出现的时间顺序进行排列：

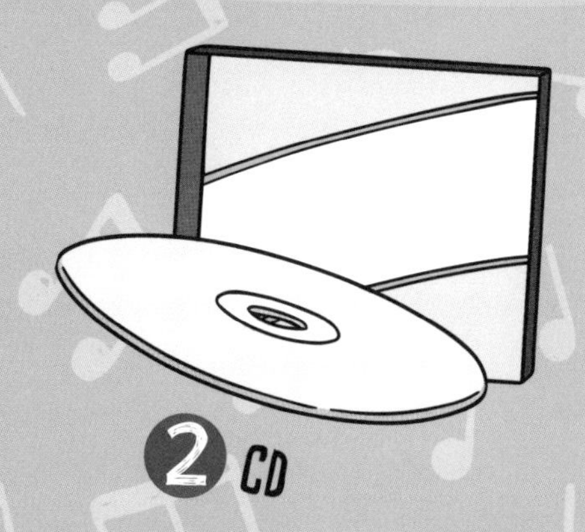

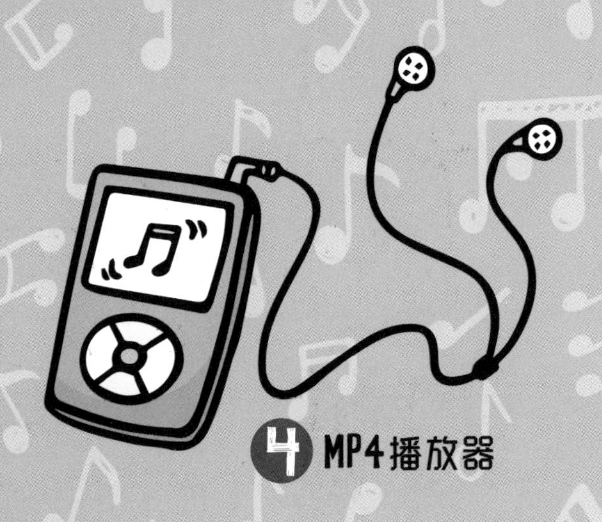

现在有很多的数字平台可以播放MP3、WAV等格式的音乐。

全球定位系统

爸爸知道怎么走

一天，我们全家决定去一个新的公园。妈妈问路上要花多长时间，爸爸拿出手机输入地址，然后对我们说：“15分钟。”爸爸怎么这么轻松就知道了呢？

我们出发了，爸爸告诉我们：“朝右边走，沿着这条街走50米，然后朝左走……”最终我们顺利到达了终点！我们问爸爸是怎么做到的，他说是用了GPS。可什么是GPS呢？

什么是GPS？

GPS（global positioning system)是全球定位系统，它能精确地确定物体在地球上的**位置**。为此，GPS要使用**24颗卫星**，使得任意时刻，在地面上任意一点都可以同时观测到4颗以上的卫星。

如何工作？

❶ 每颗卫星都会时刻不停地发送信号，以便让我们知道它们的当前位置。

卫星

❷ 智能手机上的GPS接收器检测信号并识别每颗卫星。

卫星

智能手机

❸ 通过分析与计算，GPS接收器可以非常精确地识别自己的位置。

每颗卫星的信号

卫星按一定轨道绕地球运行。如果信号被阻止了，GPS将无法工作。

找一找

如何到达？

丽娜要去图书馆完成科学作业，她使用GPS查找路线。

你知道GPS指的路线是怎样的吗？

使用GPS不仅可以知道建筑物等的地理位置，以及到达那里的路线，还可以获取道路类型等信息。

星座图

汤姆想利用智能手机查找自己的星座所在之处，但首先他得将这幅星空拼图拼完整。

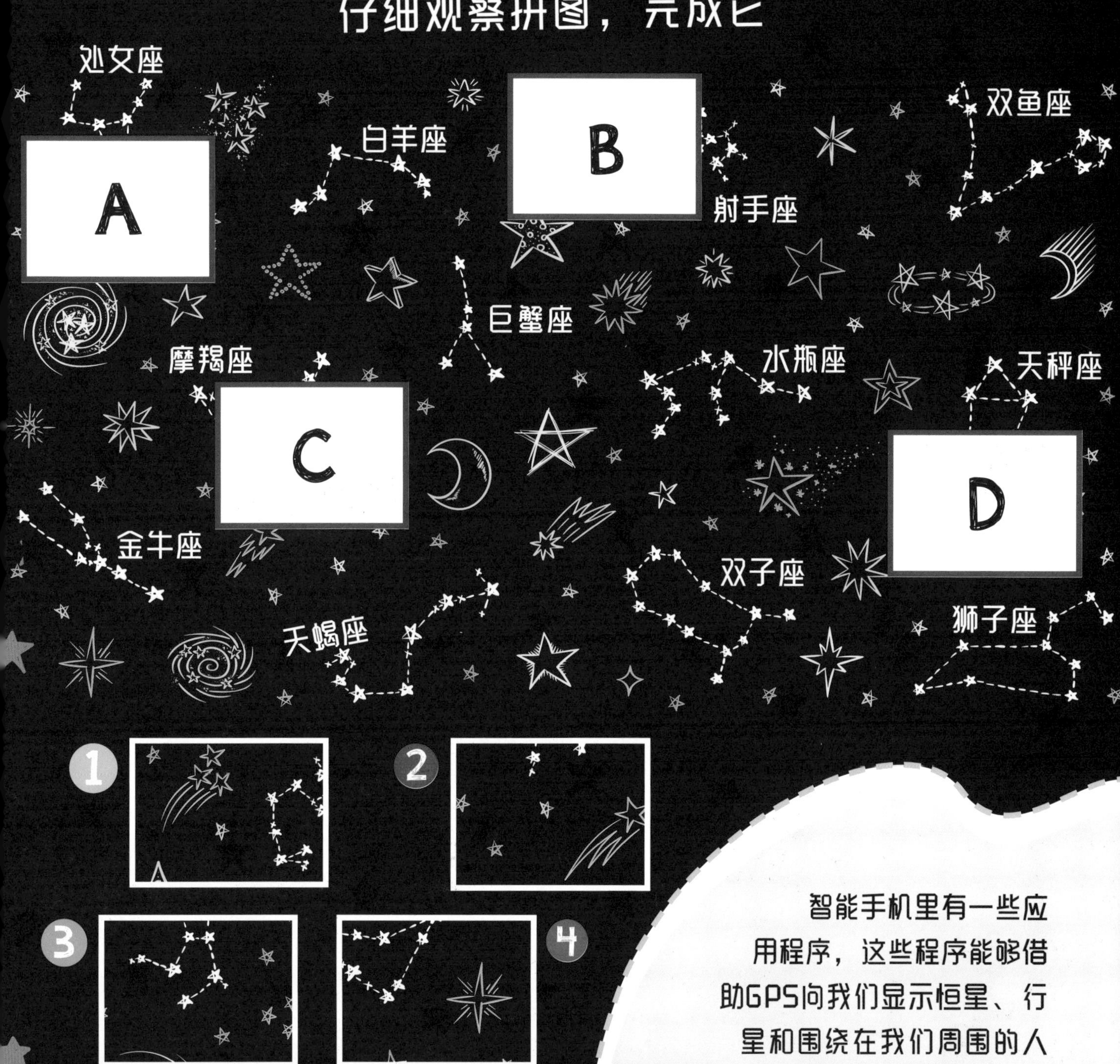

智能手机里有一些应用程序，这些程序能够借助GPS向我们显示恒星、行星和围绕在我们周围的人造卫星的实时位置。

空中机器人

牧羊人的直升机

我的叔叔有一个农场，农场里养着一群顽皮的绵羊，叔叔每天用无人机远程监控着这群绵羊。一天，他回看无人机拍摄的画面时，竟然看到绵羊在庄稼上跳起了舞！

什么是**无人机**？

无人机是一种小型的**飞行设备**，可以通过遥控设备进行远程控制。无人机的运行就像是飞机或者直升机一样。**发动机**启动后，**螺旋桨**转动起来就可以起飞了。

GPS：捕捉位置和高度的信息。
螺旋桨：其中两个顺时针方向旋转。
螺旋桨：另外两个逆时针方向旋转。
摄像头：拍摄图像。

记住，在禁止无人机飞行的空间使用无人机，或利用无人机拍摄一些涉及隐私的图像都是不被允许的行为哟！

无人机彻底改变了运输的世界。在执行救援任务时，可以使用载人无人机。有些无人机可以承载高达半吨的重量！

找一找

空中派送

塔米有一架玩具无人机，她想测试一下无人机是否能够运载东西。

下面哪一个是无人机无法运走的？

清扫垃圾

为了清除海洋垃圾，负责保护海洋的生态协会派出了一架无人机去寻找垃圾。

无人机有很多用途，比如寻找并清除海洋上的垃圾。据估计，每年约有1100万吨塑料垃圾流入海洋。

无人机正在寻找右边这几类垃圾，你能在下图中找到它们分别有多少个吗？

人工智能

纹丝不动的机器人

奶奶送给大卫一个机器人，但当大卫按下电源按钮时，机器人却纹丝不动！

原来，这是因为这个机器人没有被编程。于是，大卫和奶奶一起对机器人进行了编程。他们决定了机器人说哪种语言、如何走路，以及遵循哪种指令。可以肯定的是，没有经过编程的机器人是不会动的。

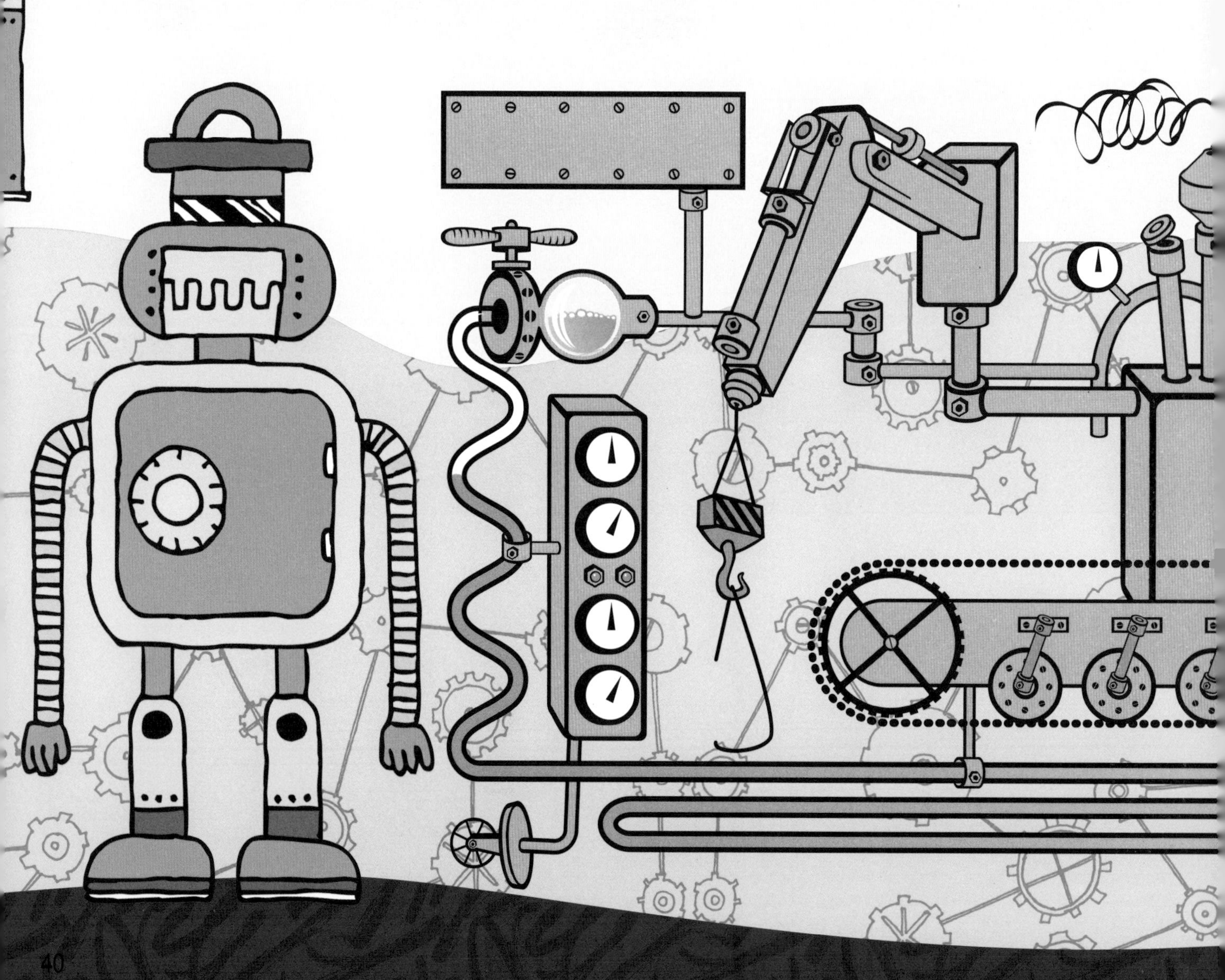

什么是**机器人**？

机器人是一种自动机械。它由**计算机控制**，具有一定的**人工智能**，能代替人类做某些工作，并且不会感到疲惫或无聊哟！

控制器：就像机器人的大脑一样，可以根据指令及传感信息控制机器人完成任务。

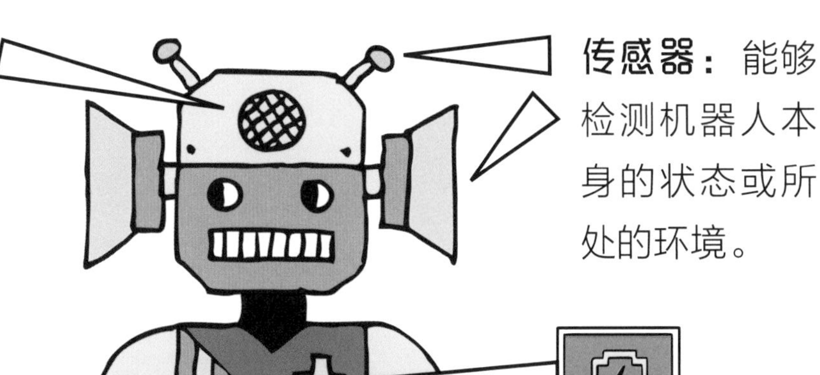

传感器：能够检测机器人本身的状态或所处的环境。

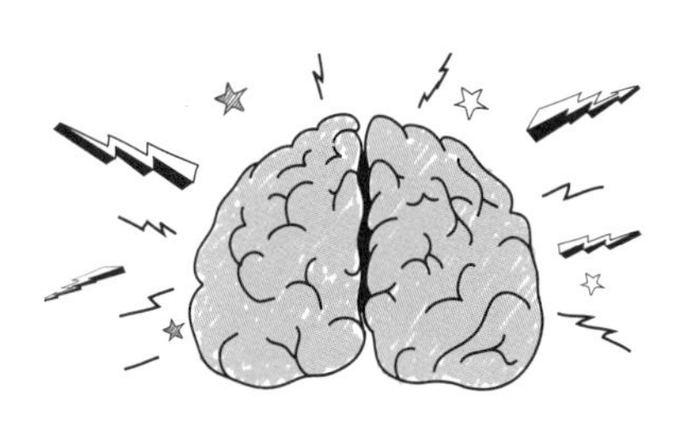

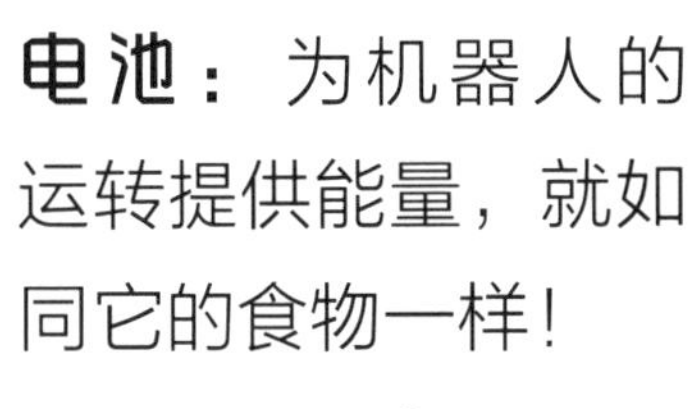

电池：为机器人的运转提供能量，就如同它的食物一样！

末端执行器：机器人直接执行任务的部件。

记住！

机器人只会做那些已经设定好的事情，所以要想让机器人动起来，首先要对它进行**编程**。

执行任务

我们经常把机器人想象成人形的机器，它可以走路、说话、做鬼脸……但实际可能并不是这样的。

你能找到图中不能自动执行任务的物品吗？

未来社会将会有越来越多的机器人的身影，它们可以参与灾难搜救、道路监控、医疗救援等各项工作。

你能帮帮我吗？

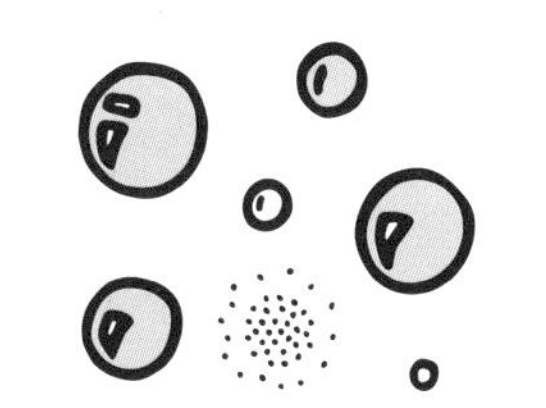

机器人经过编程后可以帮助我们做家务。现在，这个机器人要在凌乱的浴室里找出牙刷、浴衣和镜子。你能在图中找到它们吗？

有什么不该放在浴室中的东西混入其中了呢？

机器人不能同时做两件事。它会按照指令清单，按顺序完成任务。

答案

第6页： Ilikemoon77，因为这个密码包含了数字和字母，也是最长的。

第7页：

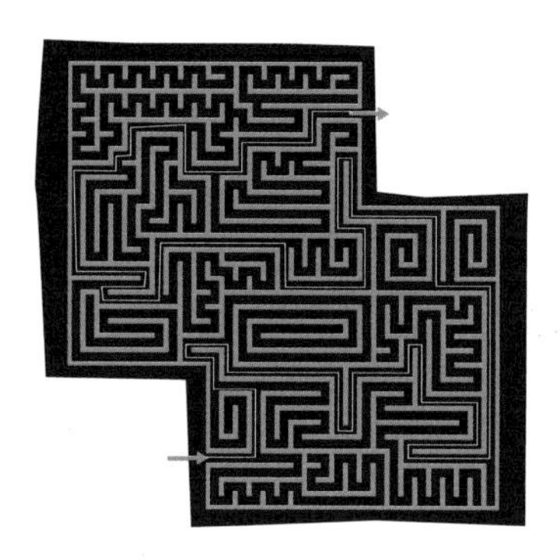

第10页： 第一组，粉色文件夹；第二组，蓝色文件夹；第三组，黄色文件夹。

第11页： 康拉德·楚泽（Konrad Zuse）。

第14页：

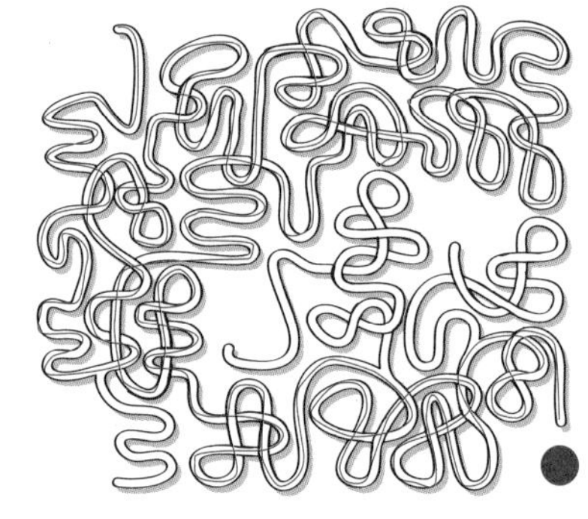

第15页： 2、5。

第18页： A-D-B，C是多余的。

第19页：

第22页： 订书机，游戏机，台灯。

第23页： A-6，B-5，C-2。

第26页： 红色的指纹。

第27页： 1-D，2-A，3-B，4-C。

第30页： 手持手机拍出的自拍照是4。

第31页： 3、1、5、2、4。

第34页：

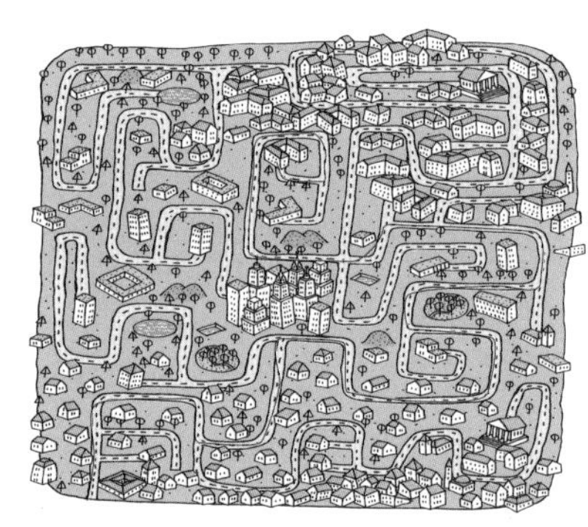

第35页： A-3，B-1，C-4，D-2。

第38页： 公共汽车，因为公共汽车可重达十几吨。

第39页： 塑料瓶14个，塑料袋9个，易拉罐4个，玻璃瓶11个，牛奶盒1个。

第42页： 积木块和球。

第43页：

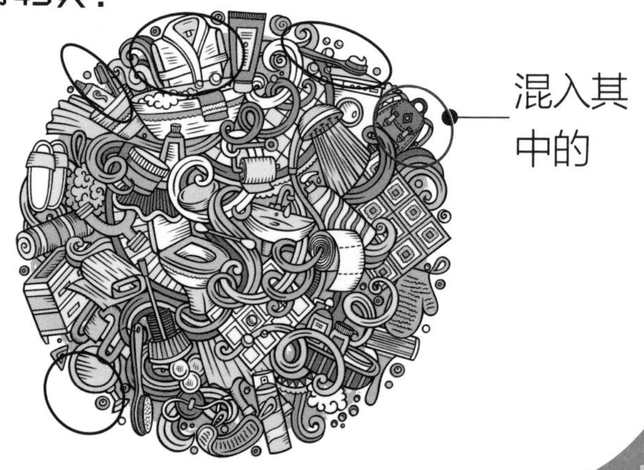

作者简介

贝伦·雅各布·阿曼德，1974年出生于西班牙萨拉曼卡，拥有萨拉曼卡大学的西班牙语语言学学士学位和文本编辑硕士学位。他对生活的好奇心和无穷无尽的学习欲望，使他在文学、音乐、文化和心理学等各种领域都有浓厚的兴趣，并做了大量的研究。

译者简介

赵越，重庆外语外事学院西班牙语教研室主任，校级中青年骨干教师。发表学术论文10余篇，曾获“十佳巾帼标兵”“十佳教师”等荣誉。